These numbers are circle numbers when one number from the row drops you play that same row until another one drops.

My numbers are very cost effective they are usually below $10.00 a draw

playing at 50 cents each.

Example if 137 falls you play the row below until another number drops from that row. Some rows fall quickly while others may take a few days or a week. This particular row cost $4.00 to play or $8.00 a day so when your learning how numbers falls its more cost effective to play and get a hit than to play numbers that will not fall or not getting a hit.

133 134 137 147 333 334 337 347

124 129 149 199 249 299 499 999

133 136 138 168 188 336 338 368 388 688

244 246 247 248 267 268 278 446 447 448 467 468 478 678

033 035 039 059 099 335 339 359 399 599
036 069 099 336 369 399 699
678 679 689 778 779 789

056 059 066 069 099 566 569 599 669 699

014 016 017 018 046 047 048 067
068 078 146 147 148 167 168 178
467 468 478 678

225 227 229 257 259 279 299 579
599 799

111 116 118 168 188 688

124 127 129 147 149 177 179 247
249 277 279 477 479 779

116 118 119 168 169 189 199 689
699 899

245 246 247 249 256 257 259 267
269 279 456 457 459 467 469 479
567 569 579 679

144 148 149 189 199 448 449 489
499 899

003 006 008 033 036 038 068 336
338 368

122 127 128 178 188 227 228 278
288 788

014 015 018 019 045 048 049 058
059 089 145 148 149 158 159 189
458 459 489 589

005 008 009 055 058 059 089 558
559 589

224 226 228 229 246 248 249 268
269 289 468 469 489 689

113 115 119 135 139 155 159 355
359 559

045 047 049 057 059 079 099 457
459 479 499 579 599 799

002 003 004 007 023 024 027 034 037 047 234 237 247 347

12 014 018 022 024 028 048 122 124 128 148 224 228 248

035 036 038 039 056 058 059 068 069 089 356 358 359 368 369 389 568 569 589 689

233 234 237 239 247 249 279 334 337 339 347 349 379 479

123 128 129 138 139 188 189 238 239 288 289 388 389 889

267 268 269 277 278 279 289 677

024 025 026 027 045 046 047 056 057 067 245 246 247 256 257 267 456 457 467 567

125 126 127 129 156 157 159 167 169 179 256
257 259 267 269 279 567 569 579 679

155 156 158 159 168 169 189 556 558 559 568
569 589 689

124 125 128 129 145 148 149 158 159 189
245

248 249 258 259 289 458 459 489 589

034 037 044 047 344 347 444 447

123 125 126 129 135 136 139 156 159 169 235
236 239 256 259 269 356 359 369 569

235 238 239 258 259 288 289 358 359 388 389
588 589 889

122 126 127 166 167 226 227 266 267 666
667

134 136 137 139 146 147 149 167 169 179 346
347 349 367 369 379 467 469 479 679

035 036 038 056 058 068 088 356
358 368 388 568 588 688

133 135 136 156 166 335 336 356
366 566

122 128 129 188 189 228 229 288
289 889

134 135 136 145 146 155 156 345
346 355 356 455 456 556

113 115 116 119 135 136 139 156
159 169 356 359 369 569

001 003 004 005 013 014 015 034
035 045 134 135 145 345

116 118 119 166 168 169 189 668
669 689

123 127 129 137 139 177 179 237
239 277 279 377 379 779

224 225 228 229 245 248 249 258
259 289 458 459 489 589

122 124 129 149 199 224 229 249 299 499

003 005 008 009 035 038 039 058 059 089 358
359 389 589

037 047 134 137 147 347

122 123 127 137 177 223 227 237
277 377

266 267 268 269 278 279 289 667
668 669 678 679 689 789

123 124 129 133 134 139 149 233
234 239 249 334 339 349

556 557 558 566 567 568 578 667
668 678

004 005 006 007 045 046 047 056
057 067 456 457 467 567

022 023 025 029 035 039 059 223
225 229 235 239 259 359

023 026 036 066 236 266 366 666

017 019 077 079 177 179 777 779

156 158 159 168 169 188 189 568
569 588 589 688 689 889

015 016 017 019 056 057 059 067 069 079 156
157 159 167 169 179 567 569 579 679

356 357 358 367 368 377 378 567 568 577 578
677 678 778

125 127 128 155 157 158 178 255
257 258 278 557 558 578

355 358 359 389 399 558 559 589
599 899

134 136 137 138 146 147 148 167
168 178 346 347 348 367 368 378
467 468 478 678

113 114 116 119 134 136 139 146
149 169 346 349 369 469

124 126 128 144 146 148 168 244
246 248 268 446 448 468

224 225 229 244 245 249 259 445
449 459

056 057 059 067 069 079 099 567
569 579 599 679 699 799

356 357 358 359 367 368 369 378
379 389 567 568 569 578 579 589
678 679 689 789

167 169 179 199 679 699 799 999

112 114 117 124 127 144 147 244
247 447

023 025 027 035 037 057 077 235
237 257 277 357 377 577

345 347 355 357 377 455 457 477
557 577

044 045 046 056 066 445 446 456
466 566

223 227 229 237 239 279 299 379
399 799

035 036 037 039 056 057 059 067
069 079 356 357 359 367 369 379
567 569 579 679

022 027 077 227 277 777

035 037 039 055 057 059 079 355
357 359 379 557 559 579

001 009 011 019 111 119

155 158 159 188 189 558 559 588
589 889

026 028 029 066 068 069 089 266
268 269 289 668 669 689

155 157 159 179 199 557 559 579
599 799

123 124 125 128 134 135 138 145
148 158 234 235 238 245 248 258
345 348 358 458

002 005 008 025 028 055 058 255
258 558

355 356 359 366 369 556 559 566
569 669

024 027 044 047 244 247 444 447

244 247 248 249 278 279 289 447
448 449 478 479 489 789

122 123 126 127 136 137 167 223
226 227 236 237 267 367

012 013 017 019 023 027 029 037
039 079 123 127 129 137 139 179
237 239 279 379

235 237 238 255 257 258 278 355
357 358 378 557 558 578

114 115 117 118 145 147 148 157
158 178 457 458 478 578

033 034 036 044 046 334 336 344
346 446

001 003 004 007 013 014 017 034
037 047 134 137 147 347

001 002 005 008 012 015 018 025
028 058 125 128 158 258

125 126 128 156 158 168 188 256
258 268 288 568 588 688

234 237 238 239 247 248 249 278
279 289 347 348 349 378 379 389
478 479 489 789

022 025 027 029 057 059 079 225
227 229 257 259 279 579

157 158 178 188 578 588 788 888

000 007 008 078 088 788

023 028 029 038 039 088 089 238
239 288 289 388 389 889

334 337 338 347 348 377 378 477
478 778

144 148 149 189 444 448 449 489

244 245 246 255 256 445 446 455
456 556

266 267 268 278 666 667 668 678

345 346 348 349 356 358 359 368
369 389 456 458 459 468 469 489
568 569 589 689

011 013 015 016 035 036 056 113
115 116 135 136 156 356

034 035 036 039 045 046 049 056
059 069 345 346 349 356 359 369
456 459 469 569

334 335 336 338 345 346 348 356
358 368 456 458 468 568

223 224 225 233 234 235 245 334
335 345

013 014 015 016 034 035 036 045
046 056 134 135 136 145 146 156
345 346 356 456

014 015 016 019 045 046 049 056
059 069 145 146 149 156 159 169
456 459 469 569

034 035 039 045 049 055 059 345
349 355 359 455 459 559

134 137 139 147 149 179 199 347
349 379 399 479 499 799

012 013 016 019 023 026 029 036
039 069 123 126 129 136 139 169
236 239 269 369

344 347 348 377 378 447 448 477 478 778

136 138 139 166 168 169 189 366 368 369 389 668 669 689

234 236 237 244 246 247 267 344 346 347 367 446 447 467

346 348 349 368 369 388 389 468 469 488 489 688 689 889

013 017 019 037 039 077 079 137 139 177 179 377 379 779

223 224 228 229 234 238 239 248 249 289 348 349 389 489

138 139 188 189 388 389 888 889

000 002 006 026

236 237 266 267 277 366 367 377 667 677

466 468 469 488 489 668 669 688 689 889

002 005 008 009 025 028 029 058 059 089 258
259 289 589

004 005 007 008 045 047 048 057 058 078 457
458 478 578

133 135 136 156 333 335 336 356

134 137 138 139 147 148 149 178 179 189 347
348 349 378 379 389 478 479 489 789

134 135 136 138 145 146 148 156 158 168 345
346 348 356 358 368 456 458 468 568

124 127 129 147 149 177 179 247 249 277 279
477 479 779

156 158 159 168 169 188 189 568 569 588 589
688 689 889

234 235 238 245 248 255 258 345 348 355 358
455 458 558

012 013 014 015 023 024 025 034 035 045 123 124 125 134 135 145 234 235 245 345

134 135 144 145 344 345 444 445

013 014 018 034 038 048 088 134 138 148 188 348 388 488

123 126 128 136 138 168 188 236 238 268 288 368 388 688

014 017 018 047 048 077 078 147 148 177 178 477 478 778

045 046 048 049 056 058 059 068 069 089 456 458 459 468 469 489 568 569 589 689

235 236 238 239 256 258 259 268 269 289 356 358 359 368 369 389 568 569 589 689

144 147 149 179 444 447 449 479

033 036 038 039 068 069 089 336 338 339 368 369 389 689

012 013 017 019 023 027 029 037 039 079 123 127 129 137 139 179 237 239 279 379

234 235 236 244 245 246 256 344 345 346 356 445 446 456

155 156 157 158 167 168 178 556 557 558 567 568 578 678

015 016 056 066 156 166 566 666

366 367 369 379 666 667 669 679

000 002 006 009 026 029 069 269

356 357 358 359 367 368 369 378 379 389 567 568 569 578 579 589 678 679 689 789

023 027 029 033 037 039 079 233 237 239 279 337 339 379

689 699 899 999

013 014 017 019 034 037 039 047 049 079 134
137 139 147 149 179 347 349 379 479

012 017 019 022 027 029 079 122 127 129 179
227 229 279

012 013 014 022 023 024 034 122 123 124 134
223 224 234

346 349 366 369 399 466 469 499 669 699

046 049 069 099 469 499 699 999

022 027 028 029 078 079 089 227 228 229 278
279 289 789

167 168 178 188 678 688 788 888
005 006 007 055 056 057 067 556 557 567

005 006 008 056 058 068 088 568 588 688

146 148 149 168 169 188 189 468 469 488 489 688 689 889

033 035 037 039 057 059 079 335 337 339 357 359 379 579

125 126 127 156 157 166 167 256 257 266 267 566 567 667

133 137 177 337 377 777

125 126 128 155 156 158 168 255 256 258 268 556 558 568

000 001 006 016 066 166

334 338 348 388 488 888

012 013 017 019 023 027 029 037 039 079 123 127 129 137 139 179 237 239 279 379

112 114 116 117 124 126 127 146 147 167 246
247 267 467

455 457 555 557

001 003 005 006 013 015 016 035 036 056 135
136 156 356

157 167 256 257 267 567

111 112 116 119 126 129 169 269

003 004 007 008 034 037 038 047
048 078 347 348 378 478

155 156 157 158 167 168 178 556
557 558 567 568 578 678

024 027 044 047 077 244 247 277
447 477

244 246 247 267 277 446 447 467
477 677

023 024 025 027 034 035 037 045
047 057 234 235 237 245 247 257
345 347 357 457

356 357 358 359 367 368 369 378
379 389 567 568 569 578 579 589
678 679 689 789

335 338 358 388 588 888

002 004 006 008 024 026 028 046

444 447 448 477 478 778

013 014 018 034 038 044 048 134 138 144 148
344 348 448

004 006 008 044 046 048 068 446 448 468

048 068 246 248 268 468

055 057 058 078 555 557 558 578

022 029 099 229 299 999

022 023 026 027 036 037 067 223
226 227 236 237 267 367

012 014 016 019 024 026 029 046
049 069 124 126 129 146 149 169
246 249 269 469

155 156 166 555 556 566

137 138 139 178 179 189 199 378
379 389 399 789 799 899

034 036 038 044 046 048 068 344
346 348 368 446 448 468

023 024 027 033 034 037 047 233
234 237 247 334 337 347

024 025 044 045 244 245 444 445

001 003 004 007 013 014 017 034

025 026 028 029 056 058 059 068 069 089 256
258 259 268 269 289 568 569 589 689

133 135 137 157 177 335 337 357 377 577

001 002 003 006 012 013 016 023
026 036 123 126 136 236

023 024 029 034 039 044 049 234
239 244 249 344 349 449

234 235 238 245 248 255 258 345
348 355 358 455 458 558

001 002 003 004 012 013 014 023
024 034 123 124 134 234

124 129 144 149 244 249 444 449

001 006 007 008 016 017 018 067
068 078 167 168 178 678

000 002 007 008 027 028 078 278

124 125 126 127 145 146 147 156
157 167 245 246 247 256 257 267
456 457 467 567

013 014 019 034 039 049 099 134
139 149 199 349 399 499

112 115 116 117 125 126 127 156

Pick 4 Circles

When a number hits you play only that ROW of the circle. Lets say

4456 and you will find the number in the line that is 4456 and it does not matter which way you see it so that number 4456 belongs to the line 4456 4457 4466 4467 4566 4567 4667 5667. So you will play all the numbers in that line until another one hits.

0456 0458 0466 0468 0566 0568
0668 4566 4568 4668 5668

2667 2669 2677 2679 2779 6677
6679 6779

0056 0058 0059 0068 0069 0089
0568 0569 0589 0689 5689

4456 4457 4466 4467 4566 4567 4667
5667

1256 1259 1269 1299 1569 1599 1699
2569 2599 2699 5699

0268 0269 0288 0289 0688 0689 0889
2688 2689 2889 6889

0145 0148 0158 0188 0458 0488 0588 1458 1488
1588 4588

2388 2389 2888 2889 3888 3889 8889

0134 0137 0138 0147 0148 0178 0347 0348 0378
0478 1347 1348 1378 1478 3478

1445 1447 1449 1457 1459 1479 1579 4457
4459 4479 4579

1456 1457 1459 1467 1469 1479 1567 1569 1579 1679
4567 4569 4579 4679 5679

1126 1129 1169 1199 1269 1299
1699 2699

0033 0036 0039 0069 0336 0339
0369 3369

3488 3489 3888 3889 4888 4889
8889

4557 4558 4559 4578 4579 4589 4789 5578 5579
5589 5789

5677 5678 5679 5689 5778 5779 5789 6778 6779 6789 7789

1123 1127 1129 1137 1139 1179 1237 1239 1279 1379 2379

1367 1368 1369 1378 1379 1389 1678 1679 1689 1789 3678 3679 3689 3789 6789

0136 0137 0138 0167 0168 0178 0367 0368 0378 0678 1367 1368 1378 1678 3678

3344 3346 3444 3446 4446

0256 0258 0268 0288 0568 0588 0688 2568 2588 2688 5688

0114 0116 0117 0146 0147 0167 0467 1146 1147 1167 1467

0135 0136 0139 0156 0159 0169 0356 0359 0369 0569 1356 1359 1369 1569 3569

0348 0349 0389 0399 0489 0499 0899 3489 3499 3899 4899

0127 0128 0129 0178 0179 0189 0278 0279 0289 0789 1278 1279
1289 1789 2789

3334 3337 3339 3347 3349 3379 3479

0015 0018 0019 0058 0059 0089 0158 0159 0189 0589 1589

1235 1237 1239 1257 1259 1279 1357 1359 1379 1579 2357 2359
2379 2579 3579

1225 1227 1255 1257 1557 2255 2257 2557

3789 3799 3899 3999 7899 7999 8999

1246 1248 1249 1268 1269 1289 1468 1469 1489
1689 2468 2469 2489 2689 4689

1346 1348 1366 1368 1466 1468 1668 3466 3468
3668 4668

0234 0236 0244 0246 0344 0346 0446 2344 2346
2446 3446

0146 0149 0169 0199 0469 0499 0699 1469 1499
1699 4699

0125 0126 0129 0156 0159 0169 0256 0259 0269
0569 1256 1259 1269 1569 2569

0011 0016 0018 0068 0116 0118 0168 1168

0556 0557 0559 0567 0569 0579 0679 5567 5569
5579 5679

1112 1113 1117 1123 1127 1137 1237

0235 0237 0238 0257 0258 0278 0357 0358 0378
0578 2357 2358 2378 2578 3578

2678 2679 2689 2699 2789 2799 2899 6789 6799
6899 7899

0247 0248 0278 0288 0478 0488 0788 2478 2488
2788 4788

3667 3668 3678 3688 3788 6678 6688 6788

0112 0116 0119 0126 0129 0169 0269 1126 1129
1169 1269

0039 0099 0399 0999 3999
0033 0038 0039 0089 0338 0339 0389 3389

0056 0057 0058 0067 0068 0078 0567 0568 0578
0678 5678

0333 0334 0335 0345 3334 3335 3345

0117 0119 0177 0179 0779 1177 1179 1779

1344 1346 1349 1369 1446 1449 1469 3446 3449
3469 4469

0036 0037 0038 0067 0068 0078 0367 0368 0378
0678 3678

2477 2478 2479 2489 2778 2779 2789 4778 4779
4789 7789

4557 4558 4559 4578 4579 4589 4789 5578 5579
5589 5789

0056 0058 0059 0068 0069 0089 0568 0569 0589
0689 5689

0113 0115 0118 0135 0138 0158 0358 1135 1138 1158 1358

1267 1269 1279 1299 1679 1699 1799 2679 2699 2799 6799

0112 0116 0118 0126 0128 0168 0268 1126 1128 1168 1268

0667 0668 0669 0678 0679 0689 0789 6678 6679 6689 6789

1136 1137 1166 1167 1366 1367 1667 3667

1233 1235 1255 1335 1355 2335 2355 3355

0348 0349 0389 0399 0489 0499 0899 3489 3499 3899 4899

0245 0246 0255 0256 0455 0456 0556 2455 2456 2556 4556

0447 0448 0449 0478 0479 0489 0789 4478 4479 4489 4789

2337 2377 2777 3377 3777

2344 2346 2347 2367 2446 2447 2467 3446 3447
3467 4467

0366 0367 0369 0379 0667 0669 0679 3667 3669
3679 6679

1456 1457 1458 1467 1468 1478 1567 1568 1578
1678 4567 4568 4578 4678 5678

0255 0256 0258 0268 0556 0558 0568 2556 2558
2568 5568

2456 2457 2459 2467 2469 2479 2567 2569 2579
2679 4567 4569 4579 4679 5679

1244 1245 1248 1258 1445 1448 1458 2445 2448
2458 4458

0346 0348 0366 0368 0466 0468 0668 3466 3468
3668 4668

3477 3478 3488 3778 3788 4778 4788 7788

3467 3468 3469 3478 3479 3489 3678 3679 3689
3789 4678 4679 4689 4789 6789

1344 1345 1349 1359 1445 1449 1459 3445 3449
3459 4459

3556 3558 3559 3568 3569 3589 3689 5568 5569
5589 5689

0134 0138 0148 0188 0348 0388 0488 1348 1388
1488 3488

0257 0259 0277 0279 0577 0579 0779 2577 2579
2779 5779

0248 0249 0288 0289 0488 0489 0889 2488 2489
2889 4889

2336 2339 2366 2369 2669 3366 3369 3669

0046 0049 0069 0099 0469 0499 0699 4699

0157 0158 0178 0188 0578 0588 0788 1578 1588
1788 5788

1233 1236 1237 1267 1336 1337 1367 2336 2337
2367 3367

2335 2337 2338 2357 2358 2378 2578 3357 3358
3378 3578

2345 2346 2348 2356 2358 2368 2456 2458 2468
2568 3456 3458 3468 3568 4568

0047 0049 0077 0079 0477 0479 0779 4779

0126 0127 0167 0177 0267 0277 0677 1267 1277
1677 2677

0337 0338 0378 0388 0788 3378 3388 3788

0245 0246 0249 0256 0259 0269 0456 0459 0469
0569 2456 2459 2469 2569 4569

0057 0058 0059 0078 0079 0089 0578 0579 0589
0789 5789

0034 0035 0037 0045 0047 0057 0345 0347 0357
0457 3457

1244 1245 1249 1259 1445 1449 1459 2445 2449
2459 4459

1255 1256 1555 1556 2555 2556 5556

1677 1679 1777 1779 6777 6779 7779

0223 0224 0227 0234 0237 0247 0347 2234 2237
2247 2347

1348 1349 1389 1399 1489 1499 1899 3489 3499
3899 4899

2345 2347 2348 2357 2358 2378 2457 2458 2478
2578 3457 3458 3478 3578 4578

0122 0126 0166 0226 0266 1226 1266 2266

4456 4457 4466 4467 4566 4567 4667 5667

1256 1259 1269 1299 1569 1599 1699 2569 2599
2699 5699

0268 0269 0288 0289 0688 0689 0889 2688 2689
2889 6889

0145 0148 0158 0188 0458 0488 0588 1458 1488
1588 4588

2388 2389 2888 2889 3888 3889 8889

0134 0137 0138 0147 0148 0178 0347 0348 0378
0478 1347 1348 1378 1478 3478

1225 1227 1255 1257 1557 2255 2257 2557

3789 3799 3899 3999 7899 7999 8999

1246 1248 1249 1268 1269 1289 1468 1469 1489
1689 2468 2469 2489 2689 4689

1346 1348 1366 1368 1466 1468 1668 3466 3468
3668 4668

0234 0236 0244 0246 0344 0346 0446 2344 2346
2446 3446

0146 0149 0169 0199 0469 0499 0699 1469 1499
1699 4699

0125 0126 0129 0156 0159 0169 0256 0259 0269
0569 1256 1259 1269 1569 2569

0011 0016 0018 0068 0116 0118 0168 1168

0556 0557 0559 0567 0569 0579 0679 5567 5569
5579 5679

2445 2447 2448 2457 2458 2478 2578 4457 4458
4478 4578

0234 0238 0239 0248 0249 0289 0348 0349 0389
0489 2348 2349 2389 2489 3489

0237 0238 0278 0288 0378 0388 0788 2378 2388
2788 3788

0136 0137 0138 0167 0168 0178 0367 0368 0378
0678 1367 1368 1378 1678 3678

1245 1249 1259 1299 1459 1499 1599 2459 2499
2599 4599

0344 0347 0377 0447 0477 3447 3477 4477

0467 0468 0477 0478 0677 0678 0778 4677 4678
4778 6778

0466 0467 0469 0479 0667 0669 0679 4667 4669
4679 6679

0123 0124 0125 0134 0135 0145 0234 0235 0245
0345 1234 1235 1245 1345 2345

0266 0267 0268 0278 0667 0668 0678 2667 2668
2678 6678

0013 0015 0018 0035 0038 0058 0135 0138 0158
0358 1358

4688 4689 4888 4889 6888 6889 8889

0246 0247 0266 0267 0466 0467 0667 2466 2467
2667 4667

1356 1357 1359 1367 1369 1379 1567 1569 1579
1679 3567 3569 3579 3679 5679

3366 3369 3399 3669 3699 6699

1233 1237 1239 1279 1337 1339 1379 2337 2339
2379 3379

3466 3468 3666 3668 4666 4668 6668

0035 0038 0039 0058 0059 0089 0358 0359 0389
0589 3589

4445 4446 4448 4456 4458 4468 4568

1123 1127 1137 1177 1237 1277 1377 2377

0046 0049 0066 0069 0466 0469 0669 4669

0015 0016 0019 0056 0059 0069 0156 0159 0169
0569 1569

1239 1299 1399 1999 2399 2999 3999

0023 0024 0026 0034 0036 0046 0234 0236 0246
0346 2346

0244 0246 0248 0268 0446 0448 0468 2446 2448
2468 4468

0234 0239 0244 0249 0344 0349 0449 2344 2349
2449 3449

0335 0339 0355 0359 0559 3355 3359 3559

3345 3348 3355 3358 3455 3458 3558 4558

0222 0226 2222 2226

3345 3347 3348 3357 3358 3378 3457 3458 3478 3578 4578

2336 2337 2339 2367 2369 2379 2679 3367 3369 3379 3679

0112 0113 0114 0123 0124 0134 0144 0234 0244 0344 0444 1123 1124 1134 1144 1234 1244 1344 1444 2344 2444 3444 4444

1336 1339 1366 1369 1669 3366 3369 3669

0334 0336 0339 0346 0349 0369 0469 3346 3349 3369 3469

1226 1227 1229 1267 1269 1279 1679 2267 2269 2279 2679

0034 0039 0049 0099 0349 0399 0499 3499

2246 2248 2249 2268 2269 2289 2468 2469 2489 2689 4689

0445 0446 0449 0456 0459 0469 0569 4456 4459 4469 4569

1123 1124 1129 1134 1139 1149 1234 1239 1249 1349 2349

0122 0126 0127 0167 0226 0227 0267 1226 1227 1267 2267

0446 0447 0449 0467 0469 0479 0679 4467 4469 4479 4679

0044 0045 0047 0057 0445 0447 0457 4457

0377 0378 0379 0389 0778 0779 0789 3778 3779 3789 7789

0235 0236 0239 0256 0259 0269 0356 0359 0369 0569 2356 2359 2369 2569 3569

1266 1267 1268 1278 1667 1668 1678 2667 2668 2678 6678

1456 1457 1459 1467 1469 1479 1567 1569 1579 1679 4567 4569 4579 4679 5679

1237 1238 1278 1288 1378 1388 1788 2378 2388 2788 3788

1134 1136 1144 1146 1344 1346 1446 3446

0127 0128 0177 0178 0277 0278 0778 1277 1278
1778 2778

0166 0167 0169 0179 0667 0669 0679 1667 1669
1679 6679

3488 3489 3888 3889 4888 4889 8889

2357 2358 2359 2378 2379 2389 2578 2579 2589
2789 3578 3579 3589 3789 5789

2256 2257 2259 2267 2269 2279 2567 2569 2579
2679 5679

0045 0048 0055 0058 0455 0458 0558 4558

0345 0346 0348 0356 0358 0368 0456 0458 0468
0568 3456 3458 3468 3568 4568

1122 1124 1128 1148 1224 1228 1248 2248

0133 0135 0139 0159 0335 0339 0359 1335 1339
1359 3359

0013 0017 0033 0037 0133 0137 0337 1337

0245 0247 0248 0257 0258 0278 0457 0458
0478 0578 2457 2458 2478 2578 4578

2337 2339 2379 2399 2799 3379 3399 3799

0155 0158 0555 0558 1555 1558 5558

0257 0258 0259 0278 0279 0289 0578 0579
0589 0789 2578 2579 2589 2789 5789

0666 0668 0688 6668 6688

0046 0048 0068 0088 0468 0488 0688 4688

0344 0345 0349 0359 0445 0449 0459 3445
3449 3459 4459

0335 0339 0355 0359 0559 3355 3359 3559

4488 4489 4888 4889 8889

1457 1458 1459 1478 1479 1489 1578 1579
1589 1789 4578 4579 4589 4789 5789

1245 1247 1248 1257 1258 1278 1457 1458
1478 1578 2457 2458 2478 2578 4578

3378 3379 3389 3399 3789 3799 3899 7899

0012 0014 0018 0024 0028 0048 0124 0128
0148 0248 1248

1245 1247 1248 1257 1258 1278 1457 1458
1478 1578 2457 2458 2478 2578 4578

4456 4457 4459 4467 4469 4479 4567 4569
4579 4679 5679

1245 1248 1249 1258 1259 1289 1458 1459
1489 1589 2458 2459 2489 2589 4589

0224 0226 0228 0246 0248 0268 0468 2246
2248 2268 2468

0355 0357 0359 0379 0557 0559 0579 3557
3559 3579 5579

1223 1225 1226 1235 1236 1256 1356 2235
2236 2256 2356

0234 0236 0238 0246 0248 0268 0346 0348
0368 0468 2346 2348 2368 2468 3468

0247 0248 0249 0278 0279 0289 0478 0479
0489 0789 2478 2479 2489 2789 4789

5668 5669 5688 5689 5889 6688 6689 6889

0122 0123 0128 0138 0223 0228 0238 1223
1228 1238 2238

0022 0028 0029 0089 0228 0229 0289 2289

2334 2335 2339 2345 2349 2359 2459 3345
3349 3359 3459

5666 5669 5699 6669 6699

1456 1458 1459 1468 1469 1489 1568 1569
1589 1689 4568 4569 4589 4689 5689

1344 1345 1347 1357 1445 1447 1457 3445
3447 3457 4457

1346 1348 1368 1388 1468 1488 1688 3468
3488 3688 4688

1247 1248 1249 1278 1279 1289 1478 1479
1489 1789 2478 2479 2489 2789 4789

0077 0078 0079 0089 0778 0779 0789 7789

2467 2469 2477 2479 2677 2679 2779 4677
4679 4779 6779

2338 2339 2388 2389 2889 3388 3389 3889

0356 0359 0366 0369 0566 0569 0669 3566
3569 3669 5669

1249 1299 1499 1999 2499 2999 4999

0014 0018 0019 0048 0049 0089 0148 0149
0189 0489 1489

0138 0139 0189 0199 0389 0399 0899 1389
1399 1899 3899

1456 1458 1459 1468 1469 1489 1568 1569
1589 1689 4568 4569 4589 4689 5689

0012 0014 0016 0024 0026 0046 0124 0126
0146 0246 1246

1235 1237 1239 1257 1259 1279 1357 1359
1379 1579 2357 2359 2379 2579 3579

0067 0069 0079 0099 0679 0699 0799 6799

1244 1246 1248 1268 1446 1448 1468 2446
2448 2468 4468

1234 1235 1239 1245 1249 1259 1345 1349
1359 1459 2345 2349 2359 2459 3459

1344 1345 1347 1357 1445 1447 1457 3445
3447 3457 4457

0114 0119 0149 0199 0499 1149 1199 1499

2347 2348 2349 2378 2379 2389 2478 2479
2489 2789 3478 3479 3489 3789 4789

4456 4458 4459 4468 4469 4489 4568 4569
4589 4689 5689

0024 0026 0028 0046 0048 0068 0246 0248
0268 0468 2468

0455 0456 0457 0467 0556 0557 0567 4556
4557 4567 5567

0233 0237 0239 0279 0337 0339 0379 2337
2339 2379 3379

0124 0126 0128 0146 0148 0168 0246 0248
0268 0468 1246 1248 1268 1468 2468

1249 1299 1499 1999 2499 2999 4999

0067 0069 0079 0099 0679 0699 0799 6799

2367 2368 2378 2388 2678 2688 2788 3678
3688 3788 6788

1345 1347 1357 1377 1457 1477 1577 3457
3477 3577 4577

3555 3557 3558 3578 5557 5558 5578

3345 3346 3356 3366 3456 3466 3566 4566

0017 0019 0079 0099 0179 0199 0799 1799

0188 0189 0199 0889 0899 1889 1899 8899

1225 1226 1256 1266 1566 2256 2266 2566

0556 0558 0559 0568 0569 0589 0689 5568
5569 5589 5689

2256 2257 2258 2267 2268 2278 2567 2568
2578 2678 5678

0333 0334 0336 0346 3334 3336 3346

1266 1267 1269 1279 1667 1669 1679 2667
2669 2679 6679

0245 0247 0249 0257 0259 0279 0457 0459
0479 0579 2457 2459 2479 2579 4579

0112 0114 0116 0124 0126 0146 0246 1124
1126 1146 1246

0345 0348 0349 0358 0359 0389 0458 0459
0489 0589 3458 3459 3489 3589 4589

1445 1446 1447 1456 1457 1467 1567 4456
4457 4467 4567

1122 1124 1224

1334 1337 1338 1347 1348 1378 1478 3347
3348 3378 3478

0245 0247 0249 0257 0259 0279 0457 0459
0479 0579 2457 2459 2479 2579 4579

2344 2444 3444 4444

0034 0037 0038 0047 0048 0078 0347 0348
0378 0478 3478

0166 0167 0169 0179 0667 0669 0679 1667
1669 1679 6679

0333 0336 3333 3336

0678 0679 0688 0689 0788 0789 0889 6788
6789 6889 7889

0247 0248 0249 0278 0279 0289 0478 0479
0489 0789 2478 2479 2489 2789 4789

0001 0005 0006 0015 0016 0056 0156

0115 0119 0159 0199 0599 1159 1199 1599

2233 2234 2244 2334 2344 3344

0137 0139 0179 0199 0379 0399 0799 1379
1399 1799 3799

1123 1129 1133 1139 1233 1239 1339 2339

1125 1127 1129 1157 1159 1179 1257 1259
1279 1579 2579

0223 0228 0233 0238 0338 2233 2238 2338

1255 1258 1555 1558 2555 2558 5558

0222 0227 **2222** 2227

0119 0199 0999 1199 1999

2225 2229 2255 2259 2559

1148 1149 1189 1199 1489 1499 1899 4899

0247 0248 0249 0278 0279 0289 0478 0479
0489 0789 2478 2479 2489 2789 4789

0001 0005 0006 0015 0016 0056 0156

0145 0147 0149 0155 0157 0159 0179 0455
0457 0459 0479 0555 0557 0559 0579 1455
1457 1459 1479 1555 1557 1559 1579 4555
4557 4559 4579 5557 5559 5579

0115 0119 0159 0199 0599 1159 1199 1599

2233 2234 2244 2334 2344 3344

0137 0139 0179 0199 0379 0399 0799 1379
1399 1799 3799

1122 1124 1128 1148 1224 1228 1248 2248

1345 1349 1359 1399 1459 1499 1599 3459
3499 3599 4599

2357 2358 2359 2378 2379 2389 2578 2579
2589 2789 3578 3579 3589 3789 5789

0556 0557 0558 0567 0568 0578 0678 5567
5568 5578 5678

1344 1346 1349 1369 1446 1449 1469 3446
3449 3469 4469

0145 0147 0148 0157 0158 0178 0457 0458
0478 0578 1457 1458 1478 1578 4578

0188 0189 0199 0889 0899 1889 1899 8899

0124 0126 0127 0146 0147 0167 0246 0247
0267 0467 1246 1247 1267 1467 2467

0077 0078 0079 0089 0778 0779 0789 7789

0333 0336 0366 0666 3333 3336 3366 3666

2256 2257 2259 2267 2269 2279 2567 2569
2579 2679 5679

0246 0247 0249 0267 0269 0279 0467 0469
0479 0679 2467 2469 2479 2679 4679

4477 4478 4479 4489 4778 4779 4789 7789

0112 0114 0116 0124 0126 0146 0246 1124
1126 1146 1246

1445 1449 1459 1499 1599 4459 4499 4599

0125 0127 0157 0177 0257 0277 0577 1257
1277 1577 2577

0034 0036 0038 0046 0048 0068 0346 0348
0368 0468 3468

0012 0016 0019 0026 0029 0069 0126 0129
0169 0269 1269

0236 0237 0238 0267 0268 0278 0367 0368
0378 0678 2367 2368 2378 2678 3678

0235 0237 0238 0257 0258 0278 0357 0358
0378 0578 2357 2358 2378 2578 3578

0114 0117 0119 0147 0149 0179 0479 1147
1149 1179 1479

0449 0499 0999 4499 4999

1233 1234 1238 1248 1334 1338 1348 2334
2338 2348 3348

1144 1147 1177 1447 1477 4477

1157 1177 1577 1777 5777

0112 0116 0118 0126 0128 0168 0268 1126
1128 1168 1268

0222 0223 0228 0238 2223 2228 2238

0026 0027 0028 0067 0068 0078 0267 0268
0278 0678 2678

0345 0348 0358 0388 0458 0488 0588 3458
3488 3588 4588

2556 2557 2566 2567 2667 5566 5567 5667

0456 0458 0466 0468 0566 0568 0668 4566
4568 4668 5668

2667 2669 2677 2679 2779 6677 6679 6779

0056 0058 0059 0068 0069 0089 0568 0569
0589 0689 5689

1126 1129 1169 1199 1269 1299 1699 2699

0033 0036 0039 0069 0336 0339 0369 3369

3488 3489 3888 3889 4888 4889 8889